我的小小农场 ● 15

画说绵羊

我的小小农场 15

画说绵羊

【日】武藤浩史●编文　【日】铃木康司●绘画

1 只羊，2 只羊，3 只羊……
柔软的羊毛像云朵一样延伸到地平线的另一端。
牧羊人带上数不胜数的绵羊，穿越山丘。
据说默数绵羊的数量，
可以让人飞入梦乡的世界哦。

中国农业出版社
北京

1 只要有绵羊，就能生活！

对于你来说，维持最低限度生活的必需品到底是什么呢？
如果没有包裹身体的衣服（衣），你一定很困扰吧。而且，无论何时，食物（食）是必不可少的。然后，遮风挡雨的屋子（住）也是必要的。上述三样必需品被称为衣、食、住。
有一种动物，可以为人类提供这样的衣、食、住。
是的，那就是绵羊。绵羊和人类的交往历史可要追溯到公元前 8 000 年前，那时人类和动物的生活方式开始变得有所不同。

变成衣服的绵羊

如果你的毛衣吊牌上写着毛织品的话，那就代表这件毛衣是用绵羊的毛织成的。在人和绵羊共同生活的过程中，起初人们使用绵羊的毛皮制作外套。但是，自从发现将绵羊的毛相互缠绕可以纺成毛线之后，人类便开始编织毛线制作衣服了。这样，即使不再宰杀绵羊，只要将剪下的羊毛进行拉伸，就可以获得毛线。温暖的毛衣是绵羊馈赠给我们的美好礼物。

变成食物的绵羊

绵羊不仅给我们提供衣服，还提供食物。你一定听过羊羔肉和羊肉吧，那指的就是绵羊的肉。在世界各地饲养的绵羊，从头到蹄子都可以制作成各种菜肴，供人类享用。而且，羊奶可以直接饮用，也可以加工成乳酪或者酸奶，绵羊的内脏也可以烹调成各种菜肴，长长的肠子也经常用作灌制香肠的外皮。

变成**屋子**的绵羊

如果可以有一间围满绵羊的屋子，只是想想，就会很高兴吧。绵羊的毛十分柔软，只要将羊毛摊开、重叠并压紧的话，就可以制作成叫做毛毡的布。这样的毛毡又厚又大，盖在木头制成的骨架上，就可以做成一顶大帐篷。这种帐篷在蒙古叫作蒙古包，在土耳其叫作 YUTR（居住帐篷），游牧民们和绵羊一起迁徙时可以轻松带走。因此，绵羊也是可以提供住处的家畜。

变成**乐器**的绵羊

以前弦乐乐器的弦大多都是使用绵羊的肠子制作而成的。尽管用这些乐器演奏出的声音不够响亮，但可以听到悠扬的音色。在南美洲，有一种用羊蹄制作而成的乐器——羊蹄铃，可以像铃铛一样发出悦耳的声音。在希腊神话和圣经中，也有大量关于绵羊的记载。对于畜牧业发达地区的人们来说，绵羊是与人类的生活和文化息息相关，并将生命奉献给人类的重要家畜。

2 绵羊拥有黄金的蹄子

据说绵羊拥有黄金的蹄子起源于冒险故事。过着游牧生活的牧羊人们，随着季节的更替向有青草的大草原移动，生活的中心是绵羊和牧草。于是，从游牧生活变为定居生活的牧羊人们播撒种子种植青草，开始饲养绵羊。像这样定居经营牧场的牧羊人称绵羊是“拥有黄金蹄子的动物”，这到底是为什么呢？

食**草**的动物

绵羊是食用人类不能直接食用获取营养的草类而生长的。绵羊与牛和山羊是同类，拥有 4 个胃，它们吃下的草可以从胃里返回到嘴里细嚼，然后再咽下，胃里生存的微生物可以分解草，从而吸收草的营养。如果看到趴在草原上的绵羊悠闲地咕吱咕吱嚼着，总觉得它们很闲适吧。实际上它们是在花费时间努力地消化吃下的草，这样人类才可以从这些绵羊身上获得毛和肉。与用舌头将长草卷成团后食用的牛不同，绵羊使用分成两瓣的上唇来吃短的草。以前，割过草的高尔夫球场，就是利用绵羊吃草来进行管理的。

变成**肥料**和**燃料**的粪便

绵羊不仅可以割草，它在吃草时，还可以一边走一边将粪便留在草地上。这些粪便是优质肥料，体积小，一颗一颗自然散开，与牛的粪便相比，可以给予植物更多的养分。这样，人类不用专门用机器割草施肥，只要交给绵羊就可以了。此外，绵羊的粪便还有其他的利用方法，比如，游牧民会将干燥的粪便铺在地上用来御寒，或者将粪便作为燃料。

黄金的蹄子可以播种

为了寻找青草，绵羊会走遍牧场的每一个角落。所以，绵羊走动的时候，蹄子使用恰当的力量踩到青草。如果青草被这样轻轻地踩踏，会不服输似地生长得更好。而且，绵羊会踩踏掉落的草的种子，并促进其移植到土壤中。于是，绵羊在“培育”牧草地的土壤和草的同时，自己也渐渐长大了。绵羊的蹄子踩过的地方，都会成为优质的草地。现在你可以理解为什么说绵羊拥有“黄金的蹄子”了吧？

3 试着仔细观察一只绵羊

如果遇到刚出生的绵羊，尝试摸一下绵羊的身体吧！触感如何呢？和想象中的一样非常柔软吧？绵羊的毛是什么样子的？仔细观察一下绵羊的眼睛。然后，绵羊嘴里面又是什么样子的呢？靠近绵羊仔细观察的话，可以了解更多关于绵羊的事情哦。

犄角

羊的祖先和斑羚是同类，所以很早以前大多数羊都长有犄角。但是，经过人类长时间的品种改良，现在没有犄角的种类比较多。当然，现在仍有一些绵羊拥有气派的角，例如，在澳大利亚的美利奴羊的羊角是由一层层角质构成的弯转的结构；原产于英国的雅各羊长有四只角。

眼睛

看一下绵羊的眼睛。它让我们感到不可思议，因为我们无法判断它是在看哪里。瞳孔横在宛如玻璃珠般的眼中，朝向侧面。羊的眼睛长在脸的侧面，所以能够看到除正后面以外的所有地方。

嘴

羊的嘴能够左右一歪一歪地灵巧地吃草，用下颚的切齿和上颚的齿垫咬断草。臼齿上下共有 24 颗，8 颗切齿都生长在下侧。从正中间开始，每年都会有 2 颗乳齿变为恒齿，所以通过观察切齿，可以推测绵羊的大概年龄。

尾巴

绵羊是有尾巴的吧？刚刚出生的小羊有一根很长的尾巴。但是，随着毛变长，尾巴会沾上粪便，所以绵羊在小时候就会被剪掉尾巴。

蹄子

如果和绵羊猜拳，只要出石头就一定会赢。为什么呢？那是因为绵羊和牛、山羊一样，属于偶蹄类动物，蹄子分为两瓣，所以猜拳的话只能出“剪刀”。

臭腺

在绵羊的眼睛下部、蹄子之间和后脚跟附近，具有散发味道的部位。绵羊过着群居生活，味道起着非常重要的作用，但这种作用具体细节还不清楚。和人类相比，绵羊的嗅觉的确十分灵敏。

4 人类和绵羊是相处了 1 万年的好朋友

据说，绵羊的祖先是大约 1 万年前生活在西亚和中亚的野生东方盘羊、摩弗伦羊、盘羊，经过人类的驯化后开始饲养。然后，绵羊遍布亚洲，传至非洲和欧洲。到了近代，绵羊被带到新大陆的澳大利亚和新西兰等地。现在，在世界各个角落都可以看到与人类一起生活的绵羊。

群居生活的绵羊

绵羊性格温顺，经常成为肉食性野兽的食物。所以，绵羊通过集群生存来保护自己。但是，在羊群中，并没有决定谁来担当领头羊。人类饲养绵羊之后，就变成了羊群的“领头羊”，或者让狗或山羊成为领头羊，控制羊群的活动。

人和绵羊的邂逅

请你展开丰富的想象。1 万年前的某一天，在河边的饮水处，你和绵羊的祖先偶遇了。一只好奇心强的绵羊逐渐靠近你，熟悉后开始舔你的手。玩耍许久后你要离开，绵羊在后面跟着你。然后会变成什么样子呢？一直在后面观察的绵羊的伙伴们也都跟了上来，整个绵羊群开始跟随着你。这样，你就成为了绵羊群的领头羊，来保护它们不受狼群和其他野兽的攻击。

日本的羊

自古以来，十二生肖中羊表示未年。在一本名为《日本书纪》的古老书籍中记载，日本从一个叫做百济（现在的朝鲜半岛西南部）的国家获得了作为礼物的羊。最初，羊不太适应多雨的日本气候，但是通过品种改良和改变饲养方法，日本羊的数量不断增加。

5 品种介绍

人类和绵羊的交往已久，在漫长的交往过程中，培育出了许多新品种，现在世界上生活着 1 000 种以上的绵羊。根据用途不同，大致可以分为肉用羊、毛用羊、乳用羊。但是，当然不是说从肉用的绵羊身上不能获得羊毛。根据生活的地点不同，可以将绵羊分为生活在山里的山岳种、生活在丘陵的丘陵种、生活在山脚平原的低地种。此外，也有按照尾巴的形状和毛质的不同进行分类的。在这里，我们将介绍饲养在日本的品种，以及和原始绵羊很接近的品种等。

主要用途 ●肉用 ●乳用 ●毛用 ●毛皮用 （括号内的国名为原产地）

●●**萨福克羊（英国）**
目前日本绵羊数量最多的品种。成长速度快，体态匀称。以原产地萨福克命名。

●●**考力代羊（新西兰）**
日本拥有 100 万只绵羊时期的主要品种。当时，农民使用羊毛纺线，给家里人制作衣服。

●●**美利奴羊（西班牙）**
通过对生活在山里的地方品种进行改良，培育出了毛细且白的西班牙美利奴羊。澳大利亚美利奴羊很有名。

●●**南丘羊（英国）**
体型小，但是胖瘦均匀，肉质优良，被称为“羊肉之王”。羊毛短且细，富有弹性，适合制作被子。

黑面羊（英国）

不管是健美的外形还是数量，都是英国的代表性绵羊。硬且粗的羊毛主要用于制作地毯。

罗曼诺夫羊（俄罗斯）

体型小但是力量非常强的绵羊。全年都可以繁殖，高产，一胎生三只的情况很常见。羊毛柔软，毛皮适合制作外套。

雪福特羊（英国）

这种羊在大山和山丘中奔跑，所以腿和腰部力量强，是跨栏高手。英国也善于培育小羊，羊毛适于制作毛呢。

东方弗里斯兰绵羊（荷兰）

多产的乳用绵羊。其羊奶成分浓度高于牛奶，从很久以前开始，就在欧洲各地用于制作羊奶乳酪。

马恩岛绵羊（英国）

据说马恩岛绵羊是很早以前由北欧海盗带到英国的。这种羊体型小，肉和毛的产量少，但是可以在严酷的环境中健康生长。

林肯羊（英国）

羊毛卷曲富有光泽、长度有时会达到 50 厘米的大型长毛品种。考力代羊就是由这种林肯羊和美利奴羊杂交培育而成的。

6 饲养日历

通常，绵羊会在秋季交配，春季分娩，小羊将在 2~3 月出生哦。
最好购买断奶后的小羊！萨福克羊是市面上最为常见的品种。

（购买方法参考书后解说）

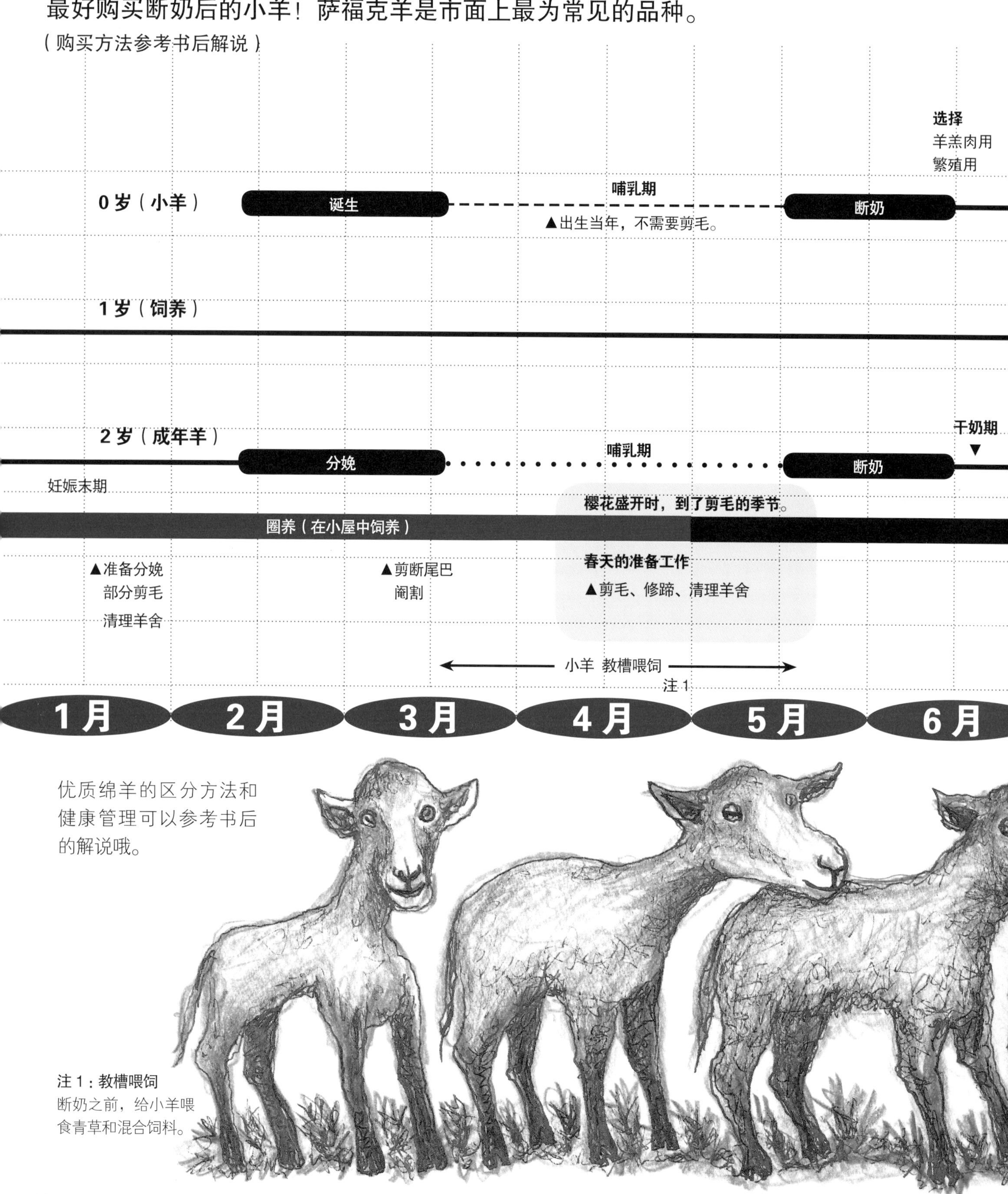

优质绵羊的区分方法和健康管理可以参考书后的解说哦。

注 1：教槽喂饲
断奶之前，给小羊喂食青草和混合饲料。

最合适的交配时间大约是 9 月到 11 月。但是，如果想要小羊在温暖的春季出生的话，需要在 11 月到 12 月间进行交配。交配期间（最短 40 天以上），提前将公羊和母羊饲养在一起，母羊每 17 天发情一次，按照这个规律进行自然交配。交配后，从受精到分娩的妊娠期大约是 150 天（5 个月）。小羊在 2~3 月出生，在母羊的保护中迎来温暖的春天。这个时节出生的小羊断奶后，也可以在灿烂的阳光之下，尽情食草成长，打造一副好身板，抵御冬天的严寒。很久以前，绵羊是野生动物，拥有与生俱来的在严峻的大自然中生活的能力。

注 2：刷毛
交配前，为了调理好绵羊的身体，喂食富含营养的草和混合饲料。

7 牧羊人首先要变成绵羊！（准备羊舍 / 购买小羊）

终于可以开始饲养绵羊了。在饲养之前，先传授一下实用的饲养心得。心得之一，也是最重要的是要先“变成绵羊”：充分了解绵羊的习性，考虑绵羊想要什么、绵羊的心里正在考虑什么。绵羊的忍耐力强，即使生病了，也不会表现出身体虚弱的样子。所以，每天仔细观察绵羊的状况，注意细微的变化。好啦，首先我们就开始准备羊舍吧！

购买小羊

最初，开始饲养 2~3 只雌性的小羊吧。由于饲养雄性种羊非常辛苦，可以在交配的时候借用。小羊的购买地点可以参考书后解说。然后向卖主询问小羊的生日、饲料的种类以及是否喂食过防治寄生虫药或进行过其他处理等。

选择通风和日照良好的地方

尽管没有必要建造漂亮的羊舍，但是绵羊不喜欢潮湿的环境，应充分考虑通风和日照条件，建造一个朝南的、三面围栏的羊舍。最好保证每只羊有 3.3 平方米左右的空间。为了保持地面干爽，可以堆起稍高的土层，然后放上充足的干燥铺草。地面变得潮湿后，再添加上新的稻草。观察羊舍的情况，一年内将铺草全部清理出去 5~6 次，并将其进行充分干燥。将清理出来的铺草堆积起来，可以做成堆肥，用于田地和牧草地。在羊舍的外面，最好修建一个面积为羊舍 2 倍大小的运动场。如果羊舍设置有一小块阴凉处的话，怕热的绵羊一定会很高兴的哦。为了不让小羊逃走或者受到野狗的袭击，运动场附近需要安装金属围栏或者结实的木栅栏。

羊舍内要能够自由改变布局

在羊舍内，放置盛装青草的草架或混合饲料的食槽时，应当保证随时可以轻松移动。母羊分娩或者母子隔离时，羊舍内能够自由改变布局的话十分方便。为了保证绵羊不进入水桶中弄脏身体，最好将水桶放在高处，或者让绵羊的脖子伸到外面喝水。因为动物的身体需要盐分和矿物质，所以应该经常喂食食盐。也可以喂食石盐，但是使用家畜用的叫做矿盐的块状盐最方便。

不要忘记晒日光浴和运动哦。大家一起散步吧！

8 绵羊饲养得胖胖的。不要焦急，要有耐心（饲养管理）

实用的饲养心得之二是如何将绵羊养得胖胖的。
尽管如此，但并不是说要让绵羊胖得圆溜溜。
数千年来，牧羊人和羊群一直过着闲适的生活，任时光缓缓流淌。
所以，只要满心期待，不急不躁，用平静的心态，慢慢地心怀感情饲养的话，就会培育出身心健康的绵羊。

牧羊人的工作

以前，牧羊人的工作是为了不让在游牧地吃草的绵羊们逃跑，或者保护绵羊们远离狼群而每天看守羊群。大家可能会觉得这种工作很无聊吧，但是只有全心观察绵羊和周围的状况，十分了解绵羊的情况，才能成为一个合格的牧羊人。

土、草和绵羊的相互作用

从春天到秋天，青草生长。如果附近有原野，就可以放养绵羊。如果有生长着青草的田埂或者河流的堤防、家庭草坪等，可以选用系留放牧饲养。系留放牧饲养时，需要注意附近不能有野狗，确认草地内是否生长有毒草，天热时，还要预防中暑。如果土壤肥沃，生长出的青草就会富含营养，只要有足够量的青草，就能培育出健康的绵羊。趁着草很矮的时候食用最富营养，绵羊会一点不剩全部将草吃掉。即使土壤不是特别肥沃，让绵羊吃过之后，草质会逐渐变好，草的密度也会增大。绵羊不愧是“拥有黄金蹄子”的动物。检查土、草和羊的相互作用是牧羊人的工作。

冬天的饲料

附近没有青草时，或为补充营养，羊在冬季吃干草时需要喂食混合饲料。特别是妊娠末期或者哺乳期的羊妈妈会营养不足，应适当增加混合饲料的量。干草中维生素 A 的含量偏低，可以同时添加南瓜或者胡萝卜等黄绿色蔬菜的残渣。喂食时,像平常一样和绵羊打招呼，敲击食槽，给羊发送喂食信号，羊会感到亲近。

抚摸身体进行检查

绵羊的身体被羊毛覆盖，很难通过目测来判断身体的情况，所以要用手抚摸绵羊的脊柱或者腰部，根据其肥瘦情况来确认是否太胖或者太瘦，这叫做身体状况检查。具体方法参考书后解说。

●修蹄

如果蹄子变长，应使用修剪刀等进行修剪。剪掉蹄子周围长出的部分，保证绵羊笔直站立时蹄子的底部与地面平行。蹄子过长时，不要一次修剪完，要分几天多次一点点修剪。如果过度修剪发生出血状况，要立即涂抹碘酒。

9 羊宝宝诞生了！

如果绵羊在秋天交配，羊宝宝就会在春天诞生。9 月到 12 月期间，让公羊和母羊一起生活 40~60 天，进行自然交配，母羊就会怀孕哦。

从交配日开始，大概 150 天后，羊宝宝就会诞生。交配的 1 个半月以前，检查绵羊的健康状况，修剪蹄子，必要时喂食防治寄生虫药物。如果稍微有消瘦的倾向，就喂食少量的混合饲料吧。

怀孕之后

全天注意观察，确认交配情况并作记录。交配日起 150 天后为分娩的预产期，提前在日历上做标记。妊娠初期（1 个半月）有流产的可能，注意不要过度驱赶，需要做治疗时动作不要过度粗暴。注意不要让羊妈妈过胖或过瘦，没有其他问题的话，可以像平时一样喂食。分娩 1 个半月前，羊妈妈肚子中的羊宝宝会突然变大，这时候适当增加混合饲料的量来增加营养吧。在这个时间点，如果羊妈妈身体过瘦，有可能出现早产或者乳汁不足的情况。此外，记得修剪羊妈妈的臀部周围和乳房周围的毛，这样不仅分娩时能够保持清洁，而且方便羊宝宝吸奶。

马上分娩

分娩的半个月前，清理羊舍，放入足够的干燥铺草。如果恰逢非常寒冷的时期，晚上应呆在羊舍里，尽可能监视深夜和黎明的情况。白天，让羊舍进行换气，并让羊晒太阳和适当运动。最好在运动场上也放置一个食槽，给绵羊营造一个舒适的户外环境。绵羊会自己寻找分娩地点，即使预产期临近，也不能将绵羊圈起来，让其自由活动吧！

出生了！

临近分娩，羊妈妈会出现食欲不振，心神不定地转圈，发出像呼唤小羊一样的叫声，开始用前蹄抓铺草等情况。它会反复坐下和站起，开始出现阵痛，伴随着痛苦地呻吟。终于，从羊妈妈的臀部出现充满红色液体的袋子，然后是半透明的袋子。袋子破裂，羊水流出后，可以看见羊宝宝的前蹄和鼻尖，羊妈妈使劲站起的话，羊宝宝就会从里面出来了。羊妈妈会努力舔舐羊宝宝的身体，羊宝宝的身体变得干爽后，会东倒西歪地站起寻找羊妈妈的乳房。辛苦一番后，好不容易找到乳房，如果羊宝宝尾巴一边左右摆动，一边吸吮乳房的话，就可以暂且放心了。然后，将绵羊母子移到背风的墙角处，铺上新的稻草，并用栅栏围住。用碘酒消毒羊宝宝的脐带，然后挤压羊妈妈的乳房，确认是否有乳汁分泌，并给羊妈妈喂食水和饲料。分娩日必须注意观察羊妈妈和羊宝宝的情况，绵羊母子是否和睦相处，羊宝宝是否曲背打颤。经过 3~5 天，就可以将羊妈妈和羊宝宝从围栏中放出来了（请参考书后详细解说）。

10 樱花盛开之际，一起剪羊毛吧

很久以前，绵羊的毛可以自然脱落。但是，人类为了获得更多的羊毛，逐渐改良了绵羊的品种，导致绵羊不能够自动换毛。

现在，如果人类不为绵羊剪毛的话，它们就会一直穿着厚厚的“毛衣”，炎热的夏天，会热得疲惫不堪哦。暖洋洋的阳光中，樱花盛开之际，正好是剪毛的最佳时节。

剪毛的准备

准备剪毛之前选择天气好的日子，在通风良好的干燥场所铺上塑料布，并在上面放置面积为 2 张榻榻米大小（长、宽各约 3 米）的木板。如果绵羊吃得太饱的话，剪毛时会痛苦地乱动，所以从早上开始禁止喂食。清理掉附着在绵羊身上的稻草和垃圾之后，就开始剪毛吧！

剪毛的顺序

如果熟练的话，一个人就可以控制好绵羊，但是刚开始时不要逞强，几个人一起控制绵羊吧。控制绵羊绝不是靠力量，而是需要感情。人和绵羊相互支持，绵羊就会变得很温顺。如果没有绵羊专用剪毛剪刀的话，也可以使用剪裁布匹用的剪刀。顺利剪毛的窍门是不要拉扯羊毛，要将皮肤拉拽至展平，正好与剪刀平行，然后按照顺序进行剪毛（顺序参考书后解说）。如果绵羊的皮肤受伤，记得涂抹碘酒。熟练之后，可以感受到来自绵羊的体温和羊毛的柔软舒适，仿佛与绵羊心灵相通，心情也会变得舒畅。

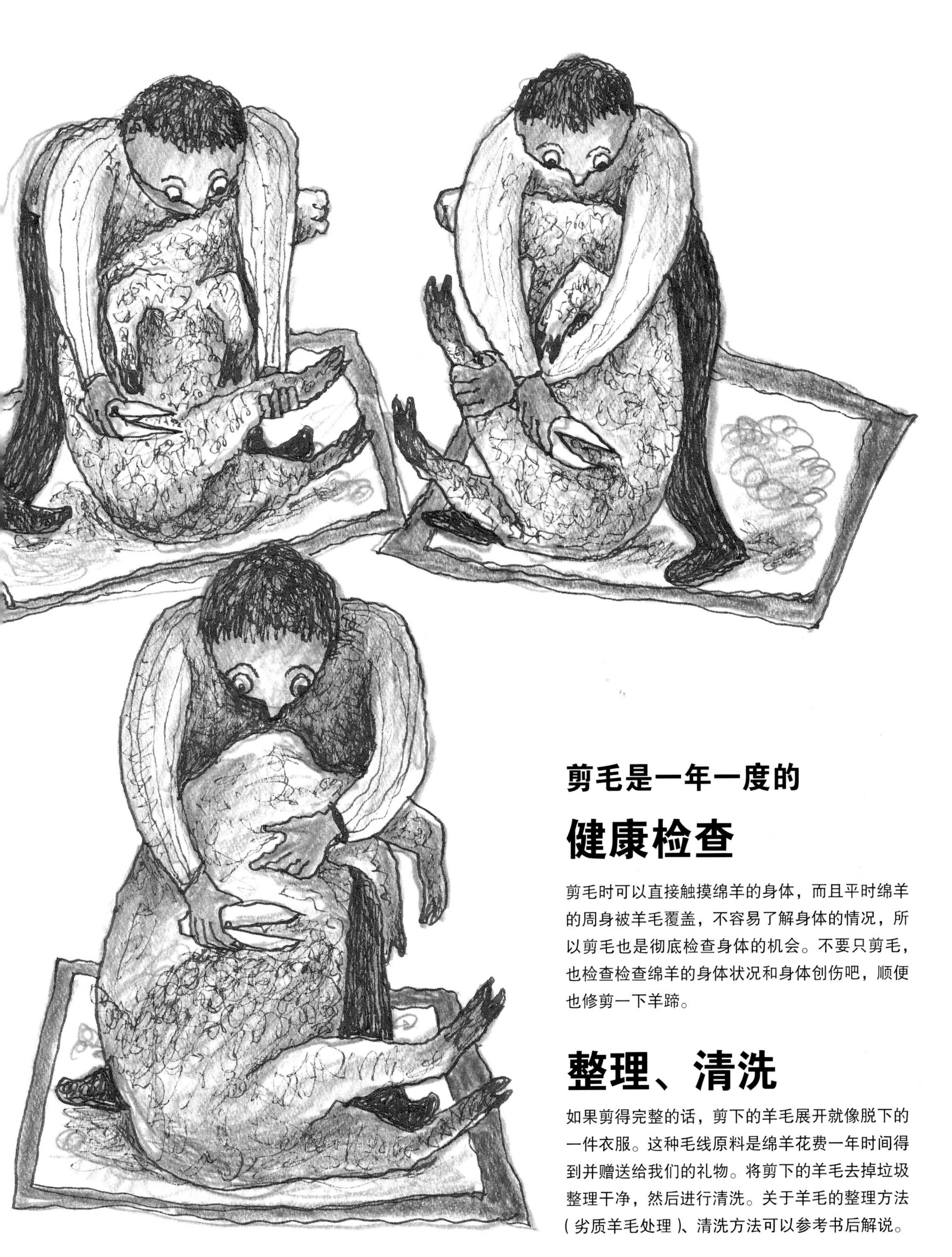

剪毛是一年一度的

健康检查

剪毛时可以直接触摸绵羊的身体，而且平时绵羊的周身被羊毛覆盖，不容易了解身体的情况，所以剪毛也是彻底检查身体的机会。不要只剪毛，也检查检查绵羊的身体状况和身体创伤吧，顺便也修剪一下羊蹄。

整理、清洗

如果剪得完整的话，剪下的羊毛展开就像脱下的一件衣服。这种毛线原料是绵羊花费一年时间得到并赠送给我们的礼物。将剪下的羊毛去掉垃圾整理干净，然后进行清洗。关于羊毛的整理方法（劣质羊毛处理）、清洗方法可以参考书后解说。

11 尝试纺线吧！

纺线是人类的重要发现，可以用来织布和制作衣服。人类偶然发现将毛搓成一股就变成了线，然后努力制作出纺线的工具。这里，我们将挑战使用叫做纺锤（锭子）的陀螺滴溜溜地旋转纺线的方法纺线。纺锤有很多种类，可以使用周围已有物品制作。在纺线前，先刷毛，进行羊毛的准备工作。

刷毛

使用羊毛纺线之前，将整理清洗后的羊毛梳理开，并按照一个方向排列的工序叫做刷毛。做法是将一撮羊毛用两手一点点拉开，反复理开，整理成像蒲公英的绒毛一样均匀。使用宠物梳毛用的粗齿梳子，朝着一个方向进行整理。使用如上图所示专用的梳理工具，能够整理出更加干净且容易纺织的羊毛。

纺线的方法

1. 将导线（毛线或者风筝线等）系在陀螺上，如图所示进行组装。左手拿羊毛，与导线重叠 2 厘米左右。

← 导线

2. 左手捏住重叠的地方使陀螺处于悬挂状态，然后用右手顺时针旋转陀螺，重叠部分缠绕在一起。

4. 拉出毛线后，放开右手，旋转陀螺进行搓线。一直搓到左手捏住的部分，抓住时机用右手拉出毛线。重复步骤3、4。

3. 用左手大拇指和食指轻轻捏住羊毛的一端，一边继续旋转陀螺，一边用右手捏住已经纺好的毛线的上部，从左手指缝拉出毛线。

5. 纺线中途断掉或者没有羊毛时，按照步骤1、2所示的方法进行连接。纺线变长后，在左手上按照8字的形状缠绕在陀螺上。如果陀螺上的毛线很长时，使用椅背等当作卷线轴进行缠绕吧。

12 挑战制作毛毡

羊毛一根一根的纤维就像弹簧一样，容易弯曲缠绕，羊毛线富有弹性，就是拉伸后也可恢复原状。但是，如果将羊毛堆积起来，加上水，用力压的话，纤维会结实地缠绕在一起，最后变得不能恢复原状。通过这种方法制作的布叫做毛毡。毛毡是一种非常不可思议的面料，不仅可以制成平坦的垫子，还可以做成像帽子、鞋子一样的立体形状，没有接缝，可以自由塑形。使用整理清洗后的羊毛，先来尝试制作简单的毛毡吧！

毛毡球

※ 这里画的球非常大，但实际上先尝试制作可以放入手掌大小、可爱的球吧！使用五颜六色的羊毛，动手制作毛毡球吧！

准备……洗脸盆、肥皂液（为了使肥皂液呈泡沫状，在 500 毫升矿泉水瓶的盖子上，钻出一个小孔，然后将削下的肥皂片或者沐浴液溶解在热水中后装入瓶中）、刷毛后的羊毛、毛线或马海毛线等、固体肥皂、毛巾

1. 首先，在作为芯子的羊毛一端一层一层地缠绕，制作一个小球。然后不断变换方向，一边稍稍拉伸刷毛后的羊毛，一边紧紧缠绕在小球上。

2. 如果制作途中觉得羊毛变松，很难继续缠绕的话，把小球放在脸盆里，浇上肥皂液充分润湿。

3. 将剩下的羊毛全部缠绕在小球上，然后用毛线用力缠紧，并浇上肥皂液。

4. 把固体肥皂弄出泡泡涂在手上，在手心上先轻轻滚动小球，然后像制作泥丸一样，用两手握住，并逐渐加力。

6. 最后，用热水清洗，晾干后，毛毡球就做好了。

5. 在毛巾上一边对球施加压力，一边转动让其逐渐缩小尺寸。

制作小袋子

在岸边捡拾没有棱角的石头作为芯子，按照同样方法制作毛毡球。然后打开切口，取出石头，就制作成了毛毡的小袋子。使用这种放入芯子制作的方法，就可以制作帽子或者拖鞋。大家按照书后介绍的参考解说，挑战制作各种物品吧！

13 吃羊肉时，要爱惜珍贵的生命

如果吃下每天精心照顾的可爱的小羊的肉，可能会不忍心吧。但是，家畜和人类的悠久交往过程就是牺牲其生命，让人类生存下来的过程。

不管植物还是动物都有生命，大家发挥着各自的作用而生长。绵羊吃草后变成肉或毛提供给人类。那么，人类该怎么做呢？

这是需要你今后慢慢考虑的事情。绵羊奉献了自己最珍贵的生命，所以大家不能剩下或者扔掉食物，不能浪费宝贵的食物。让我们在享受美味的同时，从内心感谢绵羊的生命吧。

蒙古的牧羊人

蒙古的游牧民饲养绵羊、山羊、马、骆驼和牛等五种家畜。日常生活中，他们将自己的衣食住全权交给了这些动物。其中，绵羊是非常重要的家畜。

游牧民的住宅——蒙古包

游牧民随时都要和家畜一起迁徙，所以都住在能够简单组装、分解和带走的叫做蒙古包的屋子里。蒙古包是在木制骨架上铺上用羊毛制成的大且厚的毛毡搭建而成的有圆顶的屋子。即使遇到强风、气温下降到零下 40 摄氏度的情况，蒙古包内还是十分温暖舒服。游牧民使用的绳子也是使用家畜的皮或者毛制作而成的，他们的所有东西几乎都是使用身边的物品制作而成的。游牧民的生活不会产生任何不能回归大地的垃圾。

不让血液流入大地，麻利地解体

首先，在羊的胸口窝处切开仅能放入手大小的切口，然后从切口处插入手，切断与心脏连接的血管。随后，羊的头会瞬间垂下，失去意识，不再痛苦，血液聚集在肚子中。然后，用拳头在皮和肉之间按压，就可以顺利地剥下羊皮。展开剥下的羊皮，放在器皿中，再放下羊，取出内脏，用碗舀出血。捋出肠子，清理出里面的东西后，装满血煮熟，就制成了美味的血肠。再将羊肉分割成带骨的块状，用于烹饪。这样就没浪费任何部位，迅速解体了。牧羊人多在冬季食肉，夏季会食用很多乳制品，主要使用绵羊、山羊或者牛的奶制作乳酪、酸奶或者黄油，用马奶制作的马奶酒代替水进行饮用。虽然很少吃蔬菜，但是他们珍惜家畜的生命，不浪费任何食物，所以身体很健康。接受家畜也就是大地的恩惠，恭敬、努力地与羊们一起生活。

14 嘿，挑战烹饪全世界的羊肉菜肴吧！

在蒙古，人们将羊肉加盐煮，或者做成肉干后食用。

中国认为羊肉是温性的、可以滋补身体的肉。此外，还有可以闻到香草味的羊排或者烤肉等羊肉菜肴。如果只知道里脊肉或者腿肉的话，那不算真正了解羊肉的美味。羊从头部到内脏都可以烹调出美味佳肴，下面就让我们去看看部分享誉世界的羊肉美食吧！

生肉片（日式）

如果羊肉足够新鲜，是可以生吃的。里脊肉部分做成生肉片，蘸上生姜酱油食用的话，味道像金枪鱼的瘦肉一样清淡，入口即化，味美极了。

烤羊肉串（中近东地区菜肴）

用铁扦串上羊肉和喜欢的应季蔬菜，一边撒上胡椒和盐，一边用炭火烧烤，味道绝佳。中近东菜肴中，还可以使用孜然或芫荽等香料调味。羊的舌头、心脏、肝脏等做成的肉串也不可错过。

手抓羊肉（蒙古菜肴）

蒙古不吃羊羔肉（小羊的肉）。蒙古经常将 4~5 岁阉割后的羊用盐煮后食用。带骨的肉块、脖子、小腿、排骨等经过慢慢熬煮，会飘散出诱人的香气。也可将整块羊肉放进去烹煮。将肉和切成碎末的葱和姜加水炖煮 2 小时，煮开后去掉浮沫，分数次加入食盐。炖煮后，从骨头上拆下羊肉，既可以直接吃，也可以加上特制的酱汁（将等量的醋、酱油、酒、味噌一起烹煮，并加入葱、生姜、大蒜的碎末）食用，清新可口。

烤羔羊肉（全世界）

最简单且令人胃口大开的美味佳肴莫过于此了。使用大蒜和橄榄油进行调味，烤制前加入食盐和胡椒，然后放入烤箱中。烤好后，挤上柠檬汁，就可以开吃了。大家一起烤制羊排、羊腿，或者干脆来个烤全羊，尽享美味吧。

爱尔兰炖羊肉（爱尔兰）

作为爱尔兰乡土菜肴，西式羊肉土豆是妈妈的味道。

在煨炖锅中，按顺序加入切成薄片的土豆（2个）、洋葱（1个）、切块的羊肉（500克），撒上胡椒和盐，再次放入切成片的土豆（2个）、洋葱（半个），撒上胡椒和盐，加入足量的水浸泡食材，盖上锅盖后炖煮一个半小时。

15 令人心情舒畅的绵羊毛皮。绵羊是人类的朋友

对于人类来说，绵羊的毛是很舒服的毛类，具有神奇的魔力。只要闻闻羊毛的味道，心情就会平静下来。摸摸羊毛，就会变得无忧无虑。据说，在羊皮革（绵羊毛皮）的上面抚育小婴儿的话，小婴儿就会茁壮成长。绵羊是人类历史的见证者，它向人类奉献全部，供给衣食住。今后也要和绵羊好好相处哦。

羊毛制品

很适合人类

用绵羊的羊毛制成的毛衣非常温暖，不容易出现褶皱，而且不沾雨，吸汗，不易燃，是非常优质的纤维。即使在科学发达的今天，也不能制造出像羊毛一样的人工纤维。的确，只要有太阳、土地和水，就能不断制造出亲肤的羊毛、蚕丝、棉花等天然纤维。穿上柔柔暖暖的毛衣，心里也会变得柔柔暖暖的吧！

羊肉

是自然恩惠的肉类

绵羊食用吸收了肥沃土壤养分的青草，身体蒙受自然的恩惠，得以健康成长。食用健康的羊肉，人也会变得健康。但是，如果饲养方式不当，绵羊会生病，人吃了羊肉也会生病。为绵羊提供安心、健康的饲料，是优秀牧羊人的职责。

绵羊的全身都是宝

最初的肥皂是偶然使用绵羊的油脂混杂草灰制作而成的。除了肥皂外，绵羊的油脂还可以制作蜡烛或作为食用油使用。而且，油脂可以自己分解，回归到土壤中。绵羊的皮很柔软，可以做成衣服，很久以前也用于制作水壶。绵羊的皮称为羊皮革，因为不起褶皱，所以可以缓解长期卧床不起的人的褥疮症状。据说，婴儿睡在上面，可以健康茁壮地成长。此外，绵羊还有很多用途，全身是宝。其实，不仅是绵羊，其他家畜或农作物都没有可以废弃的地方。

喂，饲养绵羊吧！

绵羊和人类一起生活了 1 万年，为人类提供衣食住。所以，今后人类要为绵羊提供更加安心的生活环境。除了人类以外，绵羊对于土壤、草、地球都有着重要的作用。你也尝试饲养一只绵羊怎么样？毛和羊肉该如何处理，粪便该用在何处……喂，你也努力成为一名优秀的牧羊人吧！

详解绵羊

优质绵羊的分辨方法 / 健康诊断

从前面观察……不要内八字脚或者外八字脚，两脚要可以直立、大幅度分开。眼睛炯炯有神，耳朵直立。耳朵垂下的话，可能是身体状态不好。如果羊的嘴可以大幅度张开，下颚张合度好，可以顺利吃饲料。

从侧面观察……上下颌充分咬合。脊柱笔直，身体修长。

从后面观察……屁股和大腿的体态匀称，体型宽。母羊的话，两个乳房大小匀称。公羊的话，长有两颗睾丸。

绵羊的健康状态如何?

粪便的状态……通常，粪便是圆溜溜的。如果喂食青草的话，粪便会变得柔软。如果出现腹泻且粪便呈水状，或者粪便中混着有黑色物、血液或者黏液时，需要特别注意。此时，可以给羊喂食家畜用的调节胃肠的药物，并观察它的状态。如果病情变得严重，或者传染给了其他的羊，需要到家畜保健卫生所进行粪便检查。

鼻涕、口水……如果出现流鼻涕或者口水的情况时，需要特别注意。

食欲……喂食时，如果和平时相比食欲降低，或低着头发呆的话，需要充分观察。

走路方式……如果出现拖着脚走路的情况，要抓住后观察蹄子，如果蹄子过长需要修剪。如果患上腐蹄病，需要尽早治疗。摇摇晃晃行走的话，有骨折的危险。

毛的光泽……毛没有光泽，变得干燥，或者发现毛之间不明原因出现缝隙的话，需要十分注意。拉一下毛，很容易脱落或在中间断开的话，可能是营养不足、发烧或者受到了螨虫、虱子的影响。

过瘦

适中

过胖

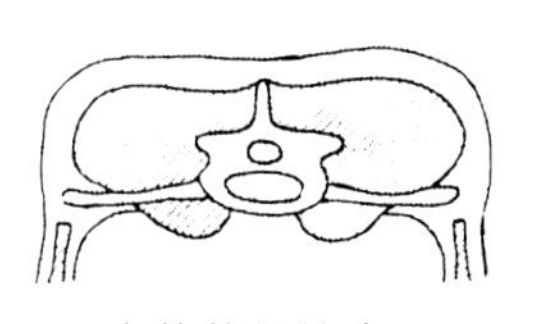

身体状况检查

轻轻按压脊柱和腰部，如果感觉凹凸不平的话，羊就是过瘦。如果骨头上附着脂肪，感觉不到骨头突起，说明过胖。

切齿……掰开嘴，检查切齿。绵羊每年都会更换2颗牙齿，4~5岁时全部换完。其后牙齿会出现磨损或者脱落的情况，变得很难进食，身体也开始消瘦。

眼睛……翻起眼皮，粉色为正常。如果发白，则有贫血的倾向。眼睛凹陷、干瘪的情况是患有脱水症，请充分补充水分。如果小羊出现流眼泪的情况，可能是睫毛进到了眼睛里，这时要翻开眼皮进行治疗。

喂食的饲料

①放牧

如果附近有用栅栏隔离的牧草地的话，绵羊可以放养。

（注意）初春时节放牧，如果草地生长有三叶草，食后腹部会聚集气体，引起胀气，所以每天逐渐增加放牧时间，让羊逐渐习惯。突然改变饲料等情况也会引起胀气。夏季，日照强烈容易中暑，需要准备树荫或者休息场所。

②系留放牧

如果附近有长有青草的空地或者田埂，可以每天更换系留柱的位置来饲养绵羊。如果使用一种叫旋转扣的五金环一圈一圈地连接项圈和绳子、绳子和木桩，就不用担心绳子会杂乱打结了。此外，还要注意防止野狗侵袭，预防中暑。

③收割青草

每天收割野草或者牧草，用来喂羊。

（注意）将长的草切割成短的草，绵羊比较容易食用。青草水分多，容易污染，所以每天要进行更换。注意不要有毒草。

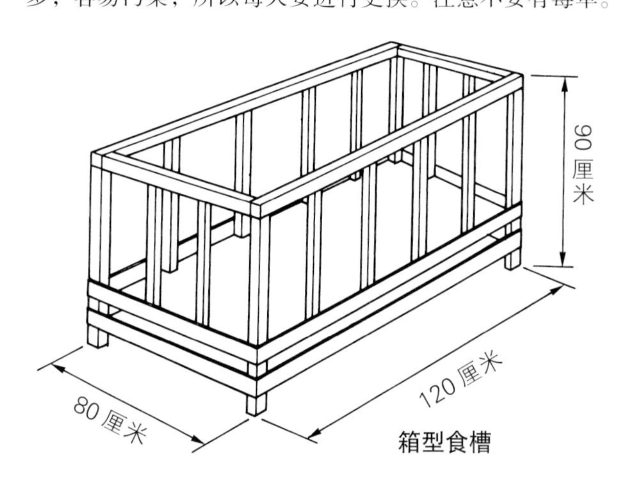

箱型食槽

④干草

将收割的青草摊开晾晒，变成干草后能够长期贮存，也不会弄脏饲料库。如果是干草，可以一次在食槽内放入数天的分量。

（注意）如果草的茎过长，或者太硬，绵羊不会食用，会剩在食槽中。

⑤干草块

如果很难购买到青草或者干草，可以将牧草进行干燥后粉碎，制作成固体的干草块，关于这种饲料的情况，具体可以咨询附近的农业协会等。

⑥蔬菜渣

如果拿野菜、果皮来喂饲绵羊的话，绵羊几乎是来者不拒的，但是还是仅把蔬菜、果皮作为辅助饲料比较好。

⑦精饲料

谷类或者酒糟等富含营养价值的饲料，作为牛用的混合饲料在市场上销售。羊妈妈在妊娠末期或哺乳期会营养不足，此时可以给它喂饲这种精饲料。此外，交配前或过瘦的绵羊、刚断奶的小羊也适合这种饲料。

< 饲料的大概用量 >

放牧……成年绵羊	1~2 只 /1 000 平方米（1 年间）
青草……成年绵羊	8~12 千克 / 天
小羊（断奶前）	3~5 千克 / 天
干草……成年绵羊	2~3 千克 / 天
小羊（断奶前）	1~2 千克 / 天
混合饲料……成年绵羊	400~1 000 克 / 天
小羊（断奶前）	100~500 克 / 天

⑧小羊的教槽喂饲

出生 2 周后，开始喂食短且柔软的草和混合饲料。准备只有小羊才能进入的地方，让它自由吃食。待它习惯后，可以逐渐增加饲料的量。如果小羊能够完全进食，出生后 3~4 个月就可以断奶了。

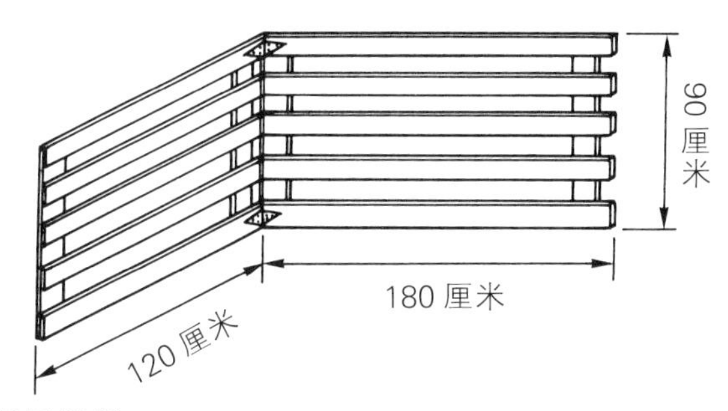

分娩用栅栏

⑨水

每天更换干净的水。分娩前和哺乳期间要保证充分饮水。食用青草时，绵羊通常很少喝水，可以根据具体状况进行调节。

寄生虫病

寄生虫和绵羊关系密切，必须要严格控制。

①消化道蠕虫病

放牧时最易感染，在初春（4 月）要小心除虫，根据具体情况每年进行 2~3 次为宜。

②绦虫

如果肚子中的绦虫增加，在粪便中就会出现米粒状的白色体节。螨虫是传染媒介，所以要在 6 个月左右进行驱虫。

③双孢子球虫

伴随着黑色腹泻的情况比较多。小羊要特别注意。

④腰麻痹病

通过蚊子传染的疾病，要在蚊子多发期进行驱虫。一旦感染，绵羊会出现不能站立，或者神经麻痹等症状。在日本北海道地区不会发生该疾病。

⑤外部寄生虫

如果身体上附着螨虫或虱子，绵羊会感到痒。要剃毛后进行驱虫才可好转。

注意

☆按照兽医的医嘱，喂食驱虫药。

☆随着绵羊的数量增加，感染机会也随之增高。因此，要根据绵羊的数量，确保足够的饲养面积。

☆购买绵羊前，可以委托饲养场完成驱虫工作。

☆和羊妈妈相比，羊宝宝的抵抗能力弱，需要特别注意。

☆寄生虫会传染给其他的绵羊，所以全部都要进行驱虫。

☆粪便中混有寄生虫的卵，清理羊舍后，要全面干燥，在其他地方进行堆肥，让其充分发酵。

压制绵羊的方法（基本姿势）

修蹄

如下图所示，修剪掉蹄子的尖部和横向突出的部分，并磨平。可以使用专用的剪刀或者裁剪用的剪刀。如果蹄子之间和底部化脓、有腐烂的气味，可能是患上了腐蹄病。暴露出的化脓部位，要用布清理干净，并涂药治疗。持续治疗 2~3 天病情仍没有好转时，应请兽医进行治疗。

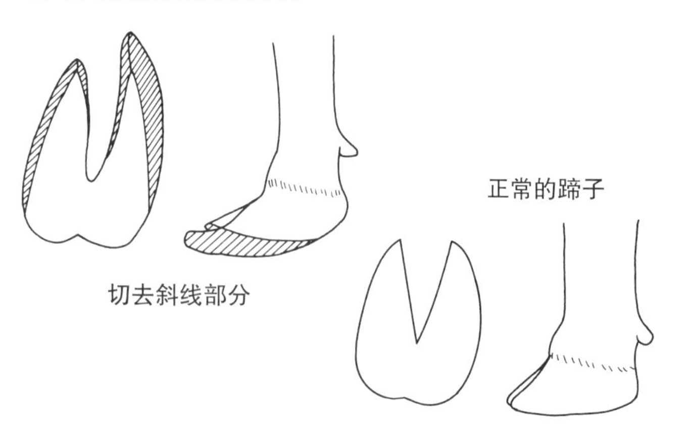

分娩的照顾

通常，90% 的分娩都是顺产，羊妈妈自己都可以完成。一般从开始阵痛到分娩结束，分娩过程大概在 1 小时内完成。最初的破水后 1 小时内，如果羊宝宝还没有出生，可以断定为难产，需要特别护理。护理需要具备丰富的经验，所以最初可以接受有经验的人或者兽医的建议。分娩后 1~2 小时内，会排出胎盘。

虚弱的小羊

如果发现体温略低的小羊，可以用干毛巾擦拭它的身体，然后放在炉子旁边取暖。如果小羊非常虚弱的话，可以将其放入塑料袋中，仅将头部露在外面，再将其浸到热水中。待体温恢复，咩咩叫后，就可以喂食初乳了。

哺乳

出生之后吸食的母乳（初乳）中，包含了羊宝宝的身体所需的免疫和营养成分，所以必须要让羊宝宝喝母乳。如果羊宝宝不能顺利吸吮母乳，或者出现羊妈妈不喜欢羊宝宝，不让其吸吮的情况时，应挤出母乳，用奶瓶喂食。如果羊妈妈去世没有母乳，用 800 毫升牛奶、1 大勺蓖麻籽油、1 大勺砂糖和一个鸡蛋黄进行搅拌混合，加热后代替母乳喂食。每天分 6 次喂食，每次喂食 60~80 毫升，从第 3 天开始喂食普通的牛奶或奶粉。随后渐渐加重分量，从第 3 周开始每天最多准备 1500 毫升的牛奶或奶粉，分 3 次喂食。

断尾和阉割

尾巴周围会附着粪便，聚集苍蝇，很不卫生，所以需要断尾。

剪羊毛的顺序

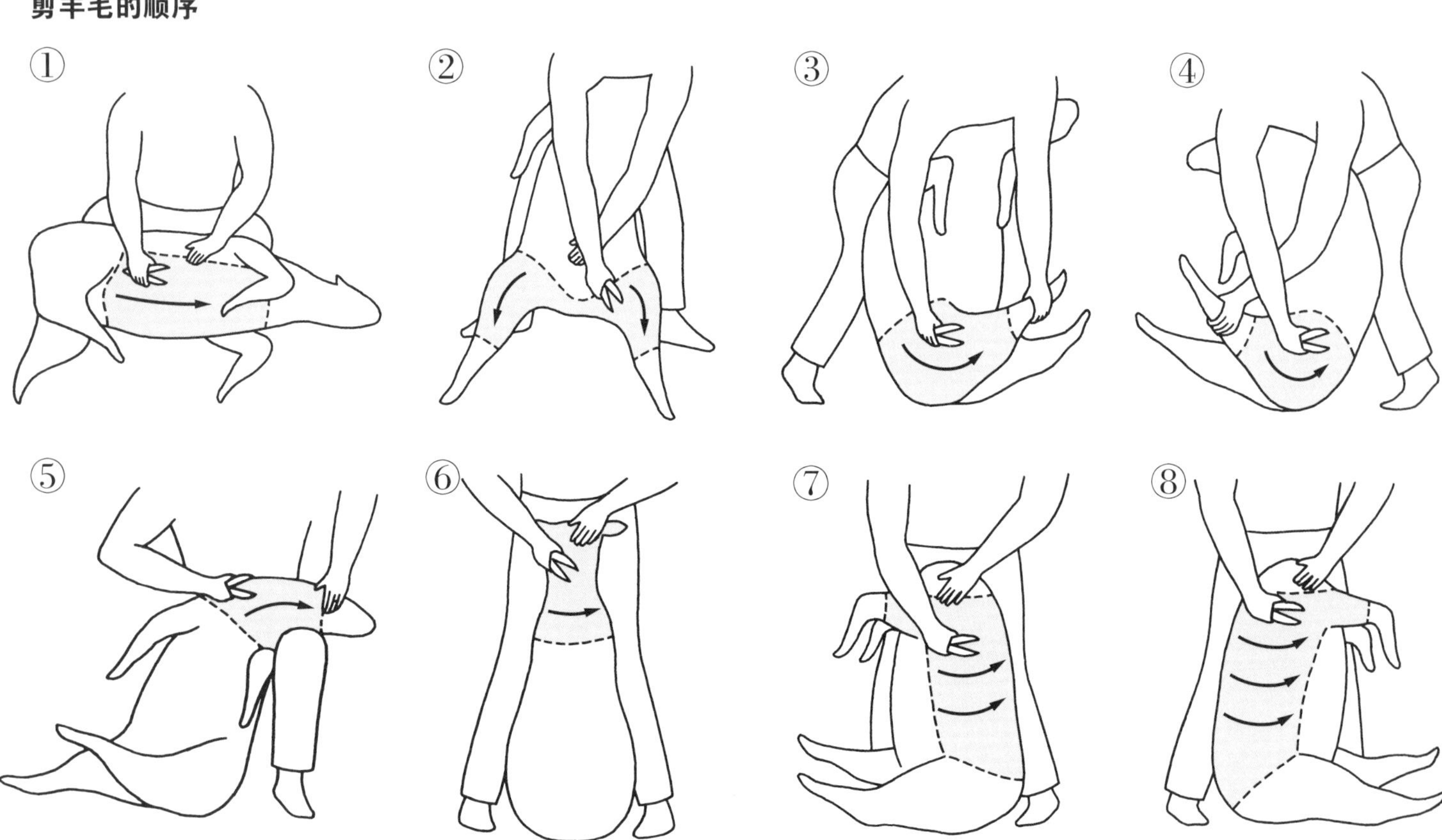

为了提高肉质或者防止近亲交配，需要进行阉割。但是，根据人类管理的实际情况，也不是一定要进行断尾和阉割的。在羊宝宝出生后 2 周内就可以利用安装的橡胶圈进行断尾和阉割了，过程很简单，快去准备工具吧。

剪下来羊毛的整理

剪毛结束后，将塑料布表面向上铺开，在上面展开 1 只羊的羊毛（原毛）。除去下部或者肚子处附着的污垢部分以及缠上稻草的部分，麻利地清理整张羊毛，抖落掉细小的垃圾或者 2 次剪毛残留的短的毛，如图所示一圈一圈地卷起后，将其放入通风良好的袋子或者布中，清洗后保存。

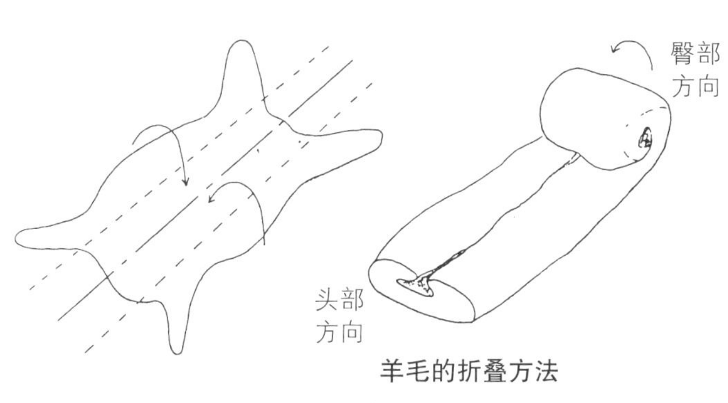

羊毛的折叠方法

清洗羊毛

清洗整理后的羊毛（原毛）。

1. 将羊毛净洗剂或者羊毛用肥皂（用量为需要清洗原毛重量的 3%~5%。根据肮脏程度，适量增减）溶解在比羊毛重 30 倍的热水（40~50 摄氏度）中，放置 1 小时至 1 晚。

☆配合使用水盆等容器的大小，一点点清洗。如果一起清洗的话，羊毛会发生毛毡化。

2. 用竹篓 1 次捞起，用温水漂洗 2 次，然后用洗衣机脱水 30 秒。
3. 再次用加入羊毛用肥皂的温水，温柔地一点点清洗掉没有洗掉的污垢。
4. 用温水漂洗 2 次后，脱水 30 秒。
5. 放在纱网或者帘子上阴干。
6. 将晾干的羊毛放入纸袋或布袋中，需要长期保存时，应该放在通风良好的地方。

半爿肉的部位和用途

出生后 1 年内的小羊的肉叫做羔羊肉。它脂肪少，柔软，易消化，是一种健康肉。只要稍微练习一下，在家也可以分割羔羊的半爿肉。半爿肉的每个部位都有不同的用途，可以制作出各种美味佳肴。

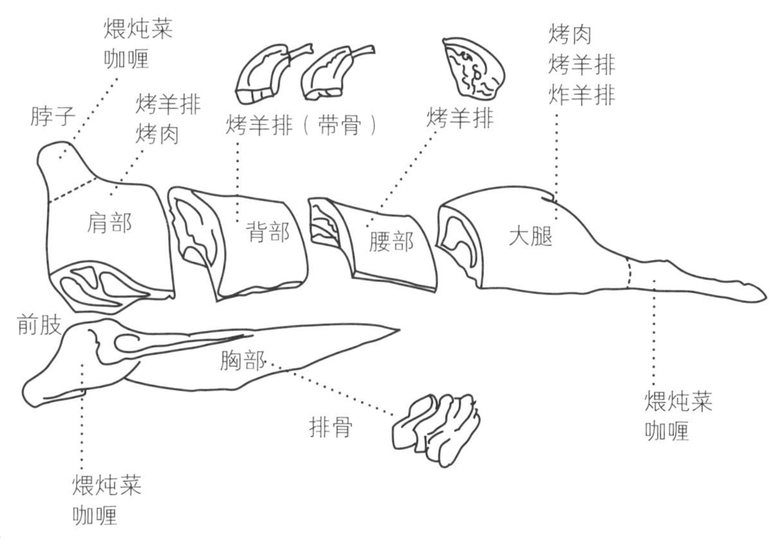

后记

二十多年前，在大学的实验动物饲养处，我第一次和绵羊相遇。它是一只考力代羊，被白白的、软绵绵的羊毛所包围，眼神像玻璃球一样捉摸不定。它显得有些惊恐不安，但似乎又对我比较感兴趣，所以咩咩地向我靠近。我抚摸它，感觉温暖、柔软，非常舒服。从那时开始，我津津有味地逐渐被非常神奇的绵羊的世界所吸引，当我从那个世界醒来时，才意识到自己已经成为了一名牧羊人。

绵羊生活在世界上任何角落，在和人类 1 万年的交往过程中，作为家畜一直被人类保护，也回报给人类衣食住所需的很多东西。我们的确是牺牲了绵羊的生命而生活着的。所以，绵羊作为善和美的象征，备受尊崇，在神话和圣经中都有关于它的记载。也正是因为绵羊，我们学会了不要浪费生命，要珍惜使用所有东西。

然而，尽管在十二生肖中有羊的存在，而且人们大量消费羊毛和羊肉，但是在我们的身边却看不到活着的绵羊的影子。不过这也是理所当然的，身为农耕民族的我们和绵羊的交往毕竟只有 100 多年。现在，日本国内只有不到 2 万只羊。

尽管绵羊并没有形成产业，但是具有许多优点，例如，它在严酷的环境下可以健康成长，性格温顺，容易照顾，吃不能直接成为人类食物的草等。如果细心观察一下，可以发现绵羊为我们提供了衣食住所需的各类东西。所以，我觉得绵羊比宠物更重要，应该跟我们更加亲近。在城市的庭院或者公园，仅想象一下绵羊吃草的样子，都会觉得很可爱吧。

在物资丰富的日本社会，只要有钱就可以轻易买到衣食住所需的所有东西。但是，在你的身体里，蕴含了一种可以自己动手创造衣食住的能力。这种能力是即使用钱也买不到的宝物。首先，尝试饲养一只绵羊吧。带绵羊到空地或者公园散步，绵羊一定会成为人气王。你听，我们的朋友——绵羊正在咩咩叫呢。喂喂，你也快去和绵羊成为好朋友，加入游牧民的队伍吧！

武藤浩史

图书在版编目（CIP）数据

画说绵羊 /（日）武藤浩史编文；（日）铃木康司绘画；中央编译翻译服务有限公司译. -- 北京：中国农业出版社, 2018.11
（我的小小农场）
ISBN 978-7-109-24423-8

Ⅰ. ①画… Ⅱ. ①武… ②铃… ③中… Ⅲ. ①绵羊－少儿读物 Ⅳ. ①S826-49

中国版本图书馆CIP数据核字(2018)第164808号

武藤浩史

1958年生于日本京都府。1985年完成带广畜产大学畜产学部研究生课程。远渡加拿大后，在农户家学习畜产。回国后从事山羊饲养管理工作。1988年移居到北海道白糠町，如愿以偿开始饲养绵羊。目前致力于以羊肉销售为中心，与羊相关的一系列工作。合著著作有《快乐绵羊百科》（日本农山渔村文化协会1992年）等。

铃木康司

1948年生于日本静冈县。20岁时在新宿路举办了首个个展。除了创作画册《Zelefantankel Dance》（Libroport），《大千世界的伙伴们》和《捉迷藏》（福音馆书店），《手掌的黑子村》（理论社），《拄拐杖的婆婆》（比利肯出版），《Salbilusa》,卡片书《POPOPOSTCARD》和《BLACKCARD WHITECARD》（架空社）等作品外，铃木康司还热衷于行为艺术。

■編集協力
河野博英（農林水産省家畜改良センター十勝牧場）
近藤知彦（元北海道専門技術員）
（社）日本緬羊協会
■写真提供
P10 ~ 11
サフォーク、サウスダウン、ブラックフェース、チェビオット、マンクスロフタン、リンカーン：英国羊毛公社
メリノ、コリデール：オーストラリア・ウールマーク・カンパニー
ロマノフ：世界の綿羊館（北海道士別市商工労働観光課）
フライスランド：白戸綾子（農林水産省家畜改良センター長野牧場）
■撮影協力
清水牧場（長野県北佐久郡北御牧村）
■参考文献
「まるごと楽しむ　ひつじ百科」未来開拓者共働会議編（農文協）
「新しいめん羊飼育法」（日本緬羊協会）
「染める、紡ぐ、織る」寺村裕子著（文化出版局）
「手作りフェルトのあったか小物」近藤美恵子著（フレーベル館）
「羊料理の本」（スピナッツ）

我的小小农场 ● 15

画说绵羊

编　　文：【日】武藤浩史
绘　　画：【日】铃木康司
编辑制作：【日】栗山淳编辑室

责任编辑：刘彦博　杨春
翻　　译：中央编译翻译服务有限公司
专业审读：常建宇
设计制作：涿州一晨文化传播有限公司
出　　版：中国农业出版社
（北京市朝阳区麦子店街18号楼　邮政编码：100125　美少分社电话：010-59194987）
发　　行：中国农业出版社
印　　刷：北京华联印刷有限公司
开　　本：889mm × 1194mm 1/16
印　　张：2.75
字　　数：100千字
版　　次：2018年11月第1版　2018年11月北京第1次印刷
定　　价：39.80元